En route pour les étoiles

Voyage magique à travers l'Univers

★★★★★

À propos de l'auteur

★★★★★

La première fois que Patricia Barnes-Svarney a observé le ciel avec un télescope, elle avait sept ans. Et ça a été le coup de foudre. Depuis, elle se passionne pour l'astronomie, et lit tout ce qu'elle trouve sur le sujet. Son chien Buff à ses côtés, elle passe des nuits entières à « découvrir » des étoiles ou des planètes. Son rêve ? Voyager dans l'espace, bien sûr. Elle est l'auteur de nombreux livres de la série « Sabrina l'apprentie sorcière » et « Salem ». Elle aime aussi jardiner, se balader et écouter chanter les oiseaux. Elle vit dans l'État de New York avec son mari (et son chien).

Sabrina
l'apprentie sorcière

En route pour les étoiles

Patricia Barnes-Svarney

Traduit de l'américain par Dominique Roussel avec la collaboration de Christiane Poulain

Graphisme et illustrations intérieures : Valérie Nylin

POCKET
jeunesse

Titre original :
Sabrina's Guide to the Universe

Publié pour la première fois en 1999
par Pocket Books, États-Unis.

Loi n° 49-956 du 16 juillet 1949 sur les publications destinées
à la jeunesse : juillet 2003.

ISBN 2-266-11717-3

Les étoiles te font rêver ?
Tu adores

Sabrina

Alors embarque pour un
voyage magique
à travers l'Univers,
avec ta sorcière préférée !

À mes chers parents, Helen et Billy

Tous mes remerciements aux personnes qui ont rendu possible ce livre : Judith Curr, Donna O'Neill, Lisa Feuer, Julie Blattberg, Karen Clark, Gina DiMarco, Nancy Pines, Patricia MacDonald, Twisne Fan, Agnes Birnhaum, Paul Ruditis, Diane Hobbing et toutes les équipes de Pocket Books, Archie Comics et Viacom Productions.

Merci à mon éditrice Lisa Clancy, à Elizabeth Shifflet et Micol Ostow pour leur attentive et généreuse collaboration.

★★★ Introduction ★★★

Coucou ! Ici Sabrina Spellman,
ta sorcière préférée !

L'autre jour, je discutais dans la cuisine avec mes tantes et Salem, et nous avons eu une idée hyper sympa : visiter l'Univers ! À quoi bon être sorcière si on ne peut pas s'amuser de temps en temps ?
Car dans ma famille, nous sommes toutes sorcières – mes deux tantes, Hilda et Zelda, à part entière, et moi, à moitié, puisque je suis à demi mortelle ! Même Salem, notre chat, est un ancien sorcier. Le Grand Conseil des Sorciers l'a transformé en chat noir pour le punir d'avoir voulu conquérir le monde. Il en a pris pour cent ans… Et comme il a encore fait des siennes, il a eu droit à une rallonge de cinquante ans !
Enfin, passons…

Personnellement, j'avais une bonne raison de vouloir aller faire un tour dans le cosmos. Le professeur de physique nous avait demandé un exposé sur l'univers pour la semaine prochaine. Ah, j'aurais mille fois préféré faire sortir un lapin de mon chapeau !

Comment ? Moi ? Paniquer ? Tu rigoles ! Mais mets-toi à ma place : je devais connaître l'Univers comme ma poche en moins de huit jours ! Je pouvais toujours recourir à la magie, bien sûr. N'empêche ! Ce ne serait pas de la tarte de m'y retrouver dans ce fatras de planètes, d'étoiles et d'astéroïdes !

C'est alors que mes tantes ont eu une idée de génie : contacter Magic Voyages, l'agence de voyages de l'Autre Royaume. Elles m'ont pris un billet pour le système solaire avec option « circuit à la carte » afin que je puisse aussi voir les différents sites dont on parle sur la chaîne Découvertes réservée aux sorcières. En plus, elles m'ont fait cadeau du Guide de la sorcière auto-stoppeuse. Et comme, selon elles, il me fallait absolument de la compagnie, elles ont désigné Salem volontaire pour partir avec moi.

Tu le connais, il a commencé par râler. J'ai dû négocier serré : il pourrait regarder son feuilleton préféré pendant quinze jours à notre retour et jouer avec la télécommande.

Ça te dit de nous accompagner ? Alors, boucle ton sac à dos, et en route !

Tu es prêt(e) ? On y va !

Avant de commencer, sache que certaines activités nécessitent la présence d'une grande personne. N'oublie pas de demander l'autorisation à un parent ou à un adulte avant de te lancer dans les expériences de ce livre.

Sabrina

UN VOYAGE

AUTOUR

DE LA TERRE,

ÇA TE TENTE ?

Quand j'ai les cheveux en pétard ou que j'ai l'air d'être dans la lune, mes copains me surnomment « l'extraterrestre ». Mais en général, j'ai les deux pieds bien sur terre, car c'est ma planète préférée ! Celle de Salem aussi, d'ailleurs. Pourquoi ? Parce que c'est le seul endroit où il peut capter sa chaîne de télévision favorite, exclusivement destinée aux chats !

Lorsque j'ai déplié le prospectus envoyé par Magic Voyages, Salem a poussé un soupir de découragement. « Tant de mondes à conquérir… une semaine n'y suffira pas ! »

Nous avons décidé d'un commun accord de commencer notre tour par notre bonne vieille planète. J'ai parfois l'impression de n'en connaître qu'un infime morceau – ma maison à Westbridge, mes tantes, mes copains, mon école et le centre commercial. Eh bien, je n'étais pas au bout de mes surprises !

J'ai sorti mon *Guide de la sorcière auto-stoppeuse* et j'ai lu à haute voix pour en faire profiter Salem.

- La Terre a la forme d'une sphère.
- Elle est entourée d'une épaisse couverture d'air, l'atmosphère, qui permet aux plantes, aux animaux et aux êtres humains de respirer.
- Environ soixante-dix pour cent de sa surface est recouverte par les océans. « Avec tout plein de thons dedans » (ça, c'est une précision de Salem...).
- Elle possède aussi sept grands morceaux de terre émergés, les « continents », qui, au cours de millions et de millions d'années, *bougent très, très lentement...*
- Elle effectue une rotation autour de son axe en 24 heures et une révolution autour du Soleil en 365 jours, c'est-à-dire un an.

Voilà pour les grandes lignes.
Tu veux en savoir plus ? Lis la suite !

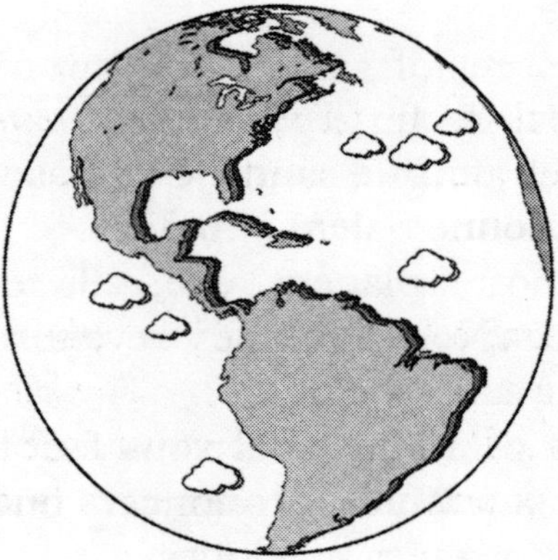

Calculer la circonférence de la Terre ? Fastoche !

★★★★★

Tout est relatif ! Un bouton sur mon nez le soir du bal de fin d'année sera *toujours* trop gros. Pareil pour le sandwich au saumon que se confectionne Salem à midi…

Mais notre planète, elle, elle est grosse comment ? Nous sommes revenus poser la question à tante Zelda…

« J'ai la personne qu'il vous faut ! » a-t-elle répondu avant de prononcer une de ses fameuses formules magiques :

Garde toute ta tête et serre les genoux,
Ératosthène vient à nous !

Et… hop ! Aussitôt, un petit homme barbu vêtu d'une tunique orange a fait son apparition.

Tante Zelda nous a présenté Ératosthène, savant et astronome qui vivait il y a environ 2 000 ans. Elle nous a appris qu'il avait été le premier à avoir calculé la circonférence de la Terre, c'est-à-dire mesuré la distance de son pourtour.

Ératosthène nous a raconté que ça avait été un jeu d'enfant.

«Je savais, a-t-il expliqué, que la lumière du Soleil atteignait le fond d'un puits, dans la ville de Syène[1], à midi précis. Un de mes assistants a mesuré l'angle que faisait l'ombre du Soleil à Alexandrie à la même heure. Puis j'ai mesuré la distance séparant les deux villes.»

En se basant sur les angles et la distance, l'astronome avait découvert que la circonférence de la Terre était de 44 250 kilomètres !

Salem a jeté un œil sur sa *Mini-Encyclopédie féline*. Il y était écrit que la circonférence exacte de la Terre atteignait 40 075,017 kilomètres. Pas mal pour quelqu'un qui n'avait ni ordinateur ni calculette !

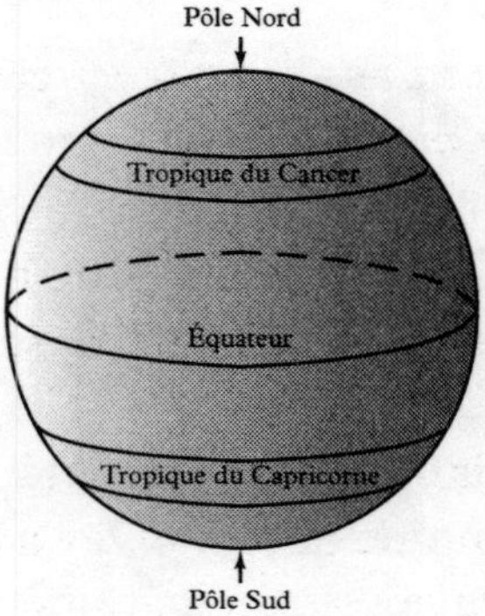

1. Aujourd'hui, Assouan.

Le grain de sel de Salem

La Terre est une très vieille dame. Elle a environ 4,5 milliards d'années.

Elle est composée de couches successives, comme un oignon.

Il y a d'abord la couche centrale, composée du noyau interne et du noyau externe, puis le manteau, et enfin, la cerise sur le gâteau, puisque c'est là où je me trouve : la croûte terrestre !

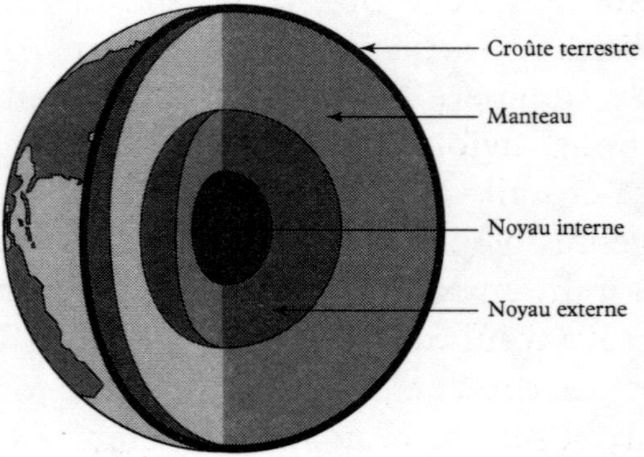

Hiver ici, été là-bas...

Ah ! L'hiver ! C'est l'époque de l'année où tous les élèves du lycée de Westbridge espèrent qu'il va neiger !

Mais au fait, pourquoi y a-t-il un printemps, un été, un automne et un hiver ? J'ai intercepté tante Hilda pour lui poser la question au moment où elle entrait dans le placard à linge du premier étage. Elle a hoché la tête et pointé l'index en l'air.

Aussitôt, nous nous sommes retrouvées en Italie. « Tiens, regarde, voilà la tour penchée de Pise… À ne pas confondre avec la pizz...a, bien sûr ! » a-t-elle précisé en me faisant un clin d'œil. Puis, désignant un balcon perché près du sommet, elle a ajouté : « C'est là-haut que nous avions l'habitude, l'astronome Galilée et moi, de discuter de tout et de rien, de pigeons, de pâtes… »

Un jour, entre deux bouchées de spaghettis, le savant lui expliqua que l'axe de la Terre n'était pas droit mais incliné, un peu comme la tour, et que cette inclinaison était la cause du changement de saisons. L'axe penche vers le Soleil aux alentours du 20 juin ; c'est alors l'été à Westbridge ; puis il s'éloigne du Soleil vers le 20 décembre, juste au moment où les copains et moi, on espère qu'il va neiger. Entre ces deux extrêmes, il y a le printemps et l'automne. Mais dans l'hémisphère Sud, en Australie, par exemple, c'est exactement le contraire. Tu vois ce que je veux dire ? Les saisons sont inversées !

Si bizarre que cela puisse paraître, la Terre est plus proche du Soleil en janvier, quand nous gelons, et s'éloigne en juin, quand c'est l'été pour nous. Tout ça en fait est dû à l'inclinaison des rayons solaires. Plus ils sont perpendiculaires à la Terre, plus il fait chaud.

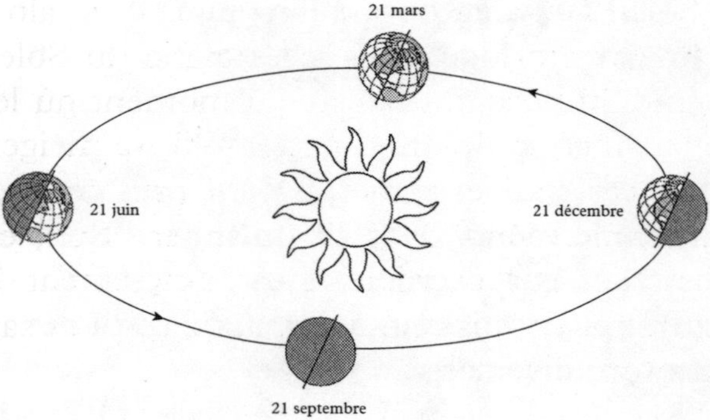

Le grain de sel de Salem

Quand j'ai su que la Terre mettait 365 jours à faire le tour du Soleil, j'ai voulu calculer combien de jours il me faudrait être un chat. Voyons voir… En comptant sur les doigts d'une patte... Un… deux... Oh ! Je n'y arriverai jamais comme ça ! Et si je multipliais 365 jours par 150 ans ? Quoi ! Je vais devoir rester un matou pendant 54 750 jours ? Plus les années bissextiles[1] ! Au secours !

1. Une année bissextile compte 366 jours et revient généralement tous les quatre ans.

La tête à l'envers

★★★★★

Tout le monde respire sur notre belle planète, sauf quand Salem nous pompe l'air. Le prof de physique nous a demandé de parler de l'atmosphère dans notre exposé. Salem a consulté sa *Mini-Encyclopédie féline :* « L'atmosphère de la Terre est composée d'environ 78 % d'azote, 21 % d'oxygène, de moins de 1 % d'argon et, pour le reste, de traces de différents gaz. Elle est découpée en couches. Nous vivons dans la couche inférieure, la troposphère. » Casse-tête ! On est où, alors ? En haut, sur la croûte terrestre… mais en bas, dans la troposphère !

Le grain de sel de Salem

Je dois te faire un aveu. J'ai fréquenté autrefois Marie Curie… puis elle m'a préféré Pierre ! Dommage pour elle, mais tant mieux pour moi, car elle ne parlait que de chimie. C'était d'un ennui… Mais elle m'a quand même expliqué des choses passionnantes sur l'ozone. Ce corps gazeux, qui entoure la Terre, a une molécule formée de trois atomes d'oxygène. La couche d'ozone, située dans la haute atmosphère, protège les animaux et les plantes des rayons nocifs du Soleil. Bref, c'est une sorte d'écran solaire géant tout autour de la planète !

OBJECTIF ORBITE TERRESTRE

J'ai enfourché mon aspirateur volant avec Salem en croupe : cap sur l'orbite terrestre !

Nous nous sommes mis à graviter autour de la Terre, et nous n'étions pas les seuls ! Pire qu'une autoroute un jour de départ en vacances. Il y avait des centaines de satellites et des fragments de rochers sidéraux. Nous avons surtout remarqué deux objets, plus grands que les autres : le télescope spatial Hubble et la Station orbitale internationale.

Au moment où nous passions à côté des deux panneaux solaires du télescope spatial, qui ressemblent à deux immenses ailes déployées, Salem a ouvert le *Guide de la sorcière auto-stoppeuse*. « Mis en orbite autour de la Terre en 1990, Hubble peut voir presque dix fois plus loin que les plus gros télescopes terrestres. » « Waouh ! s'est exclamé Salem. Regarde un peu ces images ! C'est comme une paire de jumelles magiques ! Tiens, par exemple, la nébuleuse de l'Œil du Chat. C'est sûrement le centre de l'Univers... Car là où il y a un chat, tu peux parier qu'il se passe toujours quelque chose d'importantissime ! »

Sale petit vantard ! Œil de Chat pour œil de Sabrina, j'ai roulé les miens en signe d'exaspération. Puis nous avons pris la direction de la Station orbitale internationale. On dirait un immense Meccano. C'est un long cylindre grisâtre auquel sont accrochés tout un tas de panneaux solaires plats et noirs. J'ai lu dans les journaux que les astronautes devront effectuer plus de quarante expéditions dans l'espace pour en achever la construction, prévue vers 2005.

Hum… Si quelqu'un pouvait avoir la bonne idée d'y ouvrir une pizzeria…

Le grain de sel de Salem

J'ai remarqué que je pesais moins lourd dans l'espace que sur Terre. Autrement dit, je peux ingurgiter boîtes de thon et pizzas à gogo sans prendre un gramme… à condition de rester en orbite ! Car la gravité, là-haut, est quasiment nulle. Quels festins en perspective !

Décroche-moi la Lune !

★★★★★

Comme Salem adore miauler à l'époque de la pleine lune, j'ai voulu qu'il fasse plus ample connaissance avec notre seul satellite naturel. Sans compter que c'était utile pour mon exposé…

En survolant la Lune de plus près, je me suis aperçue qu'un de ses hémisphères est tourné vers la Terre, l'autre, non. C'est ce qu'on appelle sa face cachée.

Ce qui plaît à Salem, ce sont les phases lunaires ! À la pleine lune, le Soleil éclaire entièrement la face que l'on voit de la Terre. À la nouvelle lune, elle se trouve placée entre la Terre et le Soleil, et ce dernier est tellement brillant qu'on ne la distingue pas. Quand la Lune ressemble à une faucille, on l'appelle un croissant de lune; à moitié éclairée, c'est la demi-lune; puis, plus éclairée, la lune gibbeuse. Les sorcières doivent absolument connaître toutes ces phases. En effet, nous ne volons pas pendant la lune gibbeuse, car la lumière nous éblouirait.

Bien évidemment, ces différences d'éclairage influent sur la Lune elle-même. Grâce à mes pouvoirs magiques, nous avons réussi, Salem et moi, à mesurer sa température à l'aide d'un thermomètre géant. Sur l'hémisphère éclairé, il indiquait 126° ! Et, sur l'hémisphère obscur, – 138° ! Notre satellite est très fort pour souffler le froid et le chaud !

Deux engins spatiaux, « Clementine » et « Lunar Prospector », ont récemment mis en évidence des traces de glace sur la Lune. C'est une découverte très importante car l'eau est une molécule nécessaire à la vie. Selon certains savants, il s'agirait plus précisément de cristaux de poussière et de glace, situés pour la plupart dans les grands bassins qui se trouvent près du pôle Sud de la Lune. Peut-être bien qu'un de ces jours on pourra arroser des jardins sur la Lune !

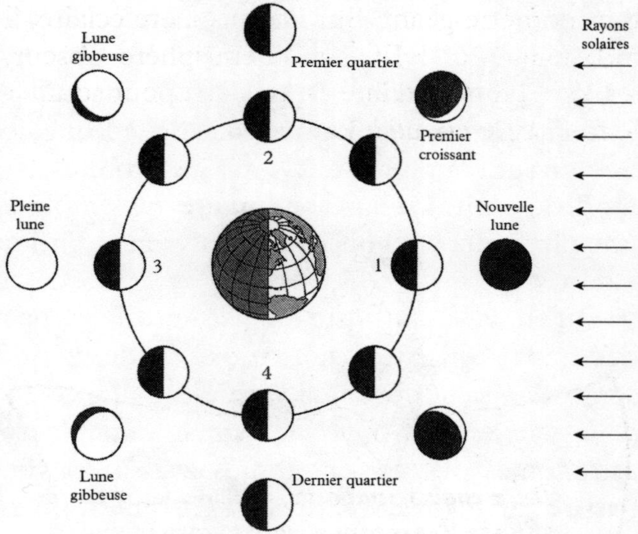
Lune gibbeuse
Premier quartier
Rayons solaires
Premier croissant
2
Pleine lune
Nouvelle lune
3
1
4
Lune gibbeuse
Dernier quartier

Face de lune !

★★★★★

Si ma figure avait l'apparence de la Lune, je la camouflerais vite fait sous des tonnes de fond de teint. La surface lunaire ressemble à une pizza aux anchois et aux poivrons ! Enfin, à mon avis.

Qu'en est-il, au juste ? Salem et moi avons découvert quantité de trous et de zones sombres à sa surface. J'ai vérifié dans *Le Guide de la sorcière auto-stoppeuse*. Apparemment, les astronomes des anciens temps avaient la vue basse et de mauvais télescopes. Ce qui explique sans doute qu'ils aient donné à certaines régions le nom latin de *mare*, qui veut dire «mer», croyant que la Lune était couverte d'océans ! Alors que les sorcières, elles, savaient depuis belle lurette qu'il n'y en avait pas.

La Lune contient également des centaines de cratères, grands trous creusés dans le sol par des objets qui ont heurté sa surface. Il y a aussi des plaines et des montagnes d'un aspect complètement différent de celles qu'on voit sur la Terre. Mais il n'y a pas d'habitants, pas de maisons, pas de centres commerciaux sur la Lune. Rien que des rochers !

Le grain de sel de Salem

Entendre parler de croissants m'a donné faim ! C'est quand même plus appétissant que toutes ces histoires de fromages à trous qu'on nous racontait quand nous étions enfants.

Tout ça, ce sont des salades. En réalité, Sabrina te l'a dit, la Lune n'est constituée que de rochers ! Et elle n'est pas toute jeune : les astronautes d'Apollo en ont rapporté 384 kilos de cailloux. En les analysant, on a découvert que notre satellite avait 4 milliards d'années. Le même âge que la Terre, à peu de chose près !

Bonjour l'odeur si c'était du fromage !

Récapitulons : jusqu'à présent, nous avons visité la Terre et la Lune. Pas besoin de magie pour regarder la Terre de plus près : elle est là, sous ton nez. Mais tu peux observer la Lune d'un jardin.

Ce n'est pas sorcier. À défaut de jumelles ou d'un petit télescope, tes yeux feront l'affaire. Par une belle nuit claire (une pleine lune d'été, par exemple), tu distingueras les ombres et les taches claires à sa surface. Magnifique, non ? Ce sont autant de plaines et de montagnes qui portent le nom de grands savants de l'Histoire – des amis de mes tantes.

Ainsi le cratère de Copernic, découvert par le célèbre astronome polonais Nicolas Copernic – « Nicky », comme le surnomme tante Hilda. Tu vois ces taches très sombres, sur le côté gauche de la Lune ? À peu près au centre, se trouve un endroit très éclairé : le cratère de Copernic !

Il y a aussi le cratère Tycho, découvert par l'astronome danois Tycho Brahe. On a l'impression qu'il est entouré de rayons super brillants. Ce sont eux qui donnent à la face sud de la Lune son aspect lumineux.

UNE BIBLIOTHÉCAIRE NOMMÉE BISAR

Encore six jours devant nous pour visiter l'Univers. Cela nous laissait largement le temps de creuser un peu la question du système solaire. Je savais qu'il comprenait le Soleil et quelques autres planètes. Oui, mais lesquelles ?

« Contactons Bisar », a suggéré Salem.

Je me suis gratté la tête, perplexe.

Salem a soupiré. « La bibliothécaire de l'Autre Royaume. Tu sais, la petite dame qui me tape sur les pattes parce que je fais du bruit à la bibliothèque. »

Excellente idée, Salem. Nous avions en effet besoin d'aide. D'après mon bouquin de magie, il suffisait de prononcer cette formule :

Prends un livre, sonne la cloche,
Et tu mettras Bisar dans ta poche !

Une femme haute comme trois pommes s'est matérialisée devant nous. Les cheveux bouclés, des lunettes rondes, elle chevauchait un aspirateur volant. Elle a immédiatement tapé sur la patte de Salem, puis m'a tendu la main. « Appelez-moi Bisar, comme tous mes amis. »

Je lui ai expliqué notre problème. Elle nous a donné un truc pour retenir le nom des planètes, en partant de la plus proche du Soleil jusqu'à la plus éloignée : « Me Voici Sur Terre Mais Je Souhaite Une Nouvelle Planète ! » Autrement dit : Mercure, Vénus, la Terre, Mars, Jupiter, Saturne, Uranus, Neptune et Pluton.

Simple comme bonjour !

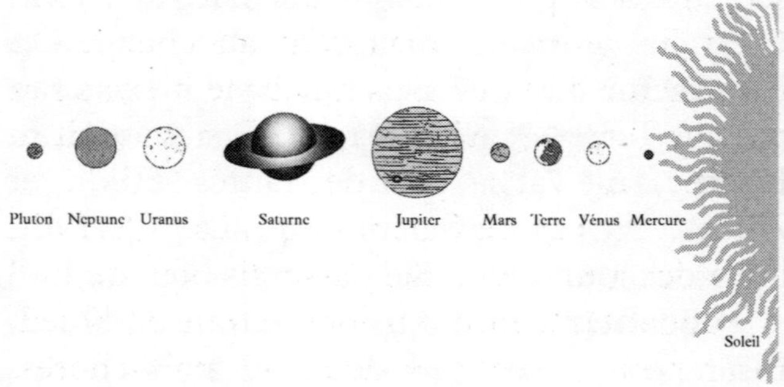

Côté Soleil

★★★★★

J'ai déjà vu beaucoup de magnifiques couchers de soleil et d'aubes splendides, en particulier quand je préparais mon diplôme de sorcière : j'avais tant de travail que je ne me couchais pas de la nuit ! C'est tellement beau que c'est presque magique. Mais notre astre du jour a d'autres particularités étonnantes. Par exemple, sa lumière et sa chaleur. En plus, comment ferions-nous pour aller voir jouer Harvey au foot, dans une obscurité permanente et un froid polaire ?

Le Soleil est une véritable étoile. Et il n'est pas seulement là pour éclairer un match de foot. C'est lui qui nous maintient au chaud. On peut même dire que sans lui, la vie n'existerait pas sur Terre. Quelle horreur ! Il n'y aurait ni Harvey, ni Val… pas de tantes Hilda et Zelda… Et pas de Salem non plus ! Cela dit, il y a des jours où je me passerais bien de lui !

Pendant que nous faisions le tour du Soleil, Bisar nous a expliqué deux ou trois choses. Notre Soleil est immense, mais, comparé à d'autres étoiles, il est juste dans la moyenne. Il y règne, en surface, une température de

5 800 K. Hum, hum… Légèrement plus chaud que les pauvres 30° que nous avons l'été. Bien plus chaud, même, que tous les produits chimiques que j'ai fait accidentellement brûler en cours de sciences !

La surface du Soleil présente également des points étranges qu'on appelle *taches solaires*. Ce sont en fait des zones relativement plus froides que les régions avoisinantes. Tout autour de ces taches il y a des jets de flammes, d'immenses colonnes semblables à des tornades de gaz qui giclent très haut au-dessus de la surface du Soleil. Certaines des particules enflammées se dirigent même vers la Terre, et si les jets sont assez grands, les habitants qui vivent près du pôle Nord peuvent apercevoir une aurore boréale, une sorte de rideau étincelant fait de particules de lumière colorée qui flotte dans le ciel.

Magique, non ?

Le grain de sel de Salem

Au premier regard, la plupart des gens s'aperçoivent que je suis quelqu'un de brillant... comme le Soleil ! Sauf, peut-être, Sabrina… Et Hilda… Et Zelda… Et… Stop ! Et toi, comment réagirais-tu si tu apprenais que le Soleil n'a plus que six milliards d'années à vivre avant de se transformer en géante rouge ? D'ici là, j'espère que j'aurai achevé la conquête de l'Univers !

À ton avis, combien faut-il de Terres – non compris les habitants et les bâtiments – pour atteindre le poids du Soleil ? Tu donnes ta langue au chat ?

Réponse : 333 400.

Mercure, on change d'allure !

*****

Mercure est la planète la plus proche du Soleil. En la survolant, nous nous sommes aperçus qu'elle était recouverte de cratères. Trois d'entre eux forment le Petit Ourson – une bouille ronde surmontée de deux oreilles. Mercure possède aussi quelques chaînes de montagnes et des plaines sans la moindre touffe d'herbe, le moindre petit arbre ni aucun élément naturel commun sur Terre. On n'y trouve pas non plus d'atmosphère à proprement parler... En fait, on dirait la Lune, mais en beaucoup plus gros !

Pendant le jour, la température peut être deux fois plus élevée que celle d'un four. Et, la nuit, sept fois plus froide que celle de ton congélateur !

D'après Bisar, Mercure ne met que 88 jours terrestres à faire le tour du Soleil. Une année sur Mercure est donc égale à 88 jours. Plutôt rapide, non ? Si tu avais 11 ans sur Mercure, tu n'en aurais que 2,5 sur Terre. Ou encore, si tu as 10 ans sur Terre, tu en aurais

41 sur Mercure. Bonjour la distorsion temporelle ! Du coup, je vais peut-être suggérer à mon prof de physique de m'envoyer finir mon exposé sur Mercure. Six jours sur cette planète seront comme 354 jours terrestres ! Rusé, hein ?

Mercure a beau tourner à la vitesse d'une toupie folle autour du Soleil, c'est un escargot quand elle accomplit une rotation sur son axe. Un jour de cette planète équivaut à près de 59 jours sur la Terre.

Le grain de sel de Salem

Je sais d'où la planète tire son nom : de Mercure, le messager aux pieds ailés des dieux de l'Olympe. C'était un ami à moi. Mais il passait son temps à tailler la route au lieu de m'aider à devenir le maître du monde !

Comme deux sœurs

★★★★★

En arrivant sur Vénus, j'ai contacté mes tantes. On appelle Vénus la sœur de la Terre parce qu'elle fait à peu près la même taille. Hilda et Zelda étant sœurs, j'ai pensé qu'elles m'apprendraient tout sur la planète ! Hilda m'a seulement dit de ne pas m'en approcher pour prendre de photos, et Zelda de ne pas m'habiller en bleu. Drôles de conseils !

Quand nous nous sommes posés à la surface, j'ai tout de suite compris. Il faisait une chaleur d'enfer, 485° au bas mot, de quoi faire fondre instantanément le plomb ! Comment cela se fait-il ? Eh bien, un gaz, le dioxyde de carbone, occupe toute l'atmosphère et retient la chaleur comme dans une véritable serre. Du coup, il fait si chaud qu'il n'y a ni océans ni plages – aucune vie, en fait ! Et comme les nuages épais qui recouvrent la planète sont composés d'acide sulfurique, tout prend une couleur jaune vif. Cette lumière me donnait un teint atroce. Bisar, dans son ensemble bleu, paraissait verte.

Chemin faisant, nous avons admiré de hautes montagnes volcaniques, d'immenses cratères et des dômes arrondis. L'un d'eux ressemble à une tique géante ! Beurk ! Et à certains endroits, le vent atteignait 362 kilomètres à l'heure ! Ça décoiffe !

Le grain de sel de Salem

Il faut être myope comme une taupe pour ne pas voir Vénus dans le ciel nocturne. Suivant sa position sur son orbite, notre planète sœur est tantôt étoile du soir à l'ouest au coucher du soleil, tantôt étoile du matin à l'est à son lever. (C'est elle qu'on appelle aussi l'étoile du Berger, ou la queue de la casserole.) Après le Soleil et la Lune, Vénus est l'un des objets célestes les plus brillants. À tel point que certains de mes congénères hurlent non pas à la Lune, mais à Vénus… Tous n'ont pas mon œil de lynx !

Visiter une planète rouillée, ça te dit ?

Bisar et moi avons réenfourché nos aspirateurs volants. Direction, Mars. Un saut de puce, grâce à la carte de Magic Voyages.

Mars est l'une de mes planètes préférées, car elle a deux calottes polaires idéales pour faire du ski. Sa taille fait à peu près la moitié de celle de la Terre, et son atmosphère est composée presque uniquement de dioxyde de carbone.

J'avais très envie de visiter un endroit génial : le plus grand volcan du système solaire, le mont Olympe. Il est encore plus haut que l'Everest, la chaîne de montagnes la plus élevée sur la Terre ! Salem y était déjà venu, mais il ne se souvenait plus s'il était situé à droite ou à gauche de la vallée Marinaris, cette étendue immense qui recouvre le quart de la planète.

J'ai donc ouvert mon *Guide de la sorcière auto-stoppeuse* à la rubrique Mars. J'y ai trouvé le sort que je devais jeter pour nous permettre de prendre la bonne direction.

Fais de la confiture et de la bouillie,
Et envoie-nous M. Schiaparelli !

Un petit homme barbu vêtu d'un costume marron foncé a brusquement surgi à côté de Salem. « Où suis-je ? » a-t-il demandé.

C'était le célèbre astronome italien Giovanni Schiaparelli. Quand je lui ai appris qu'il était sur Mars, il a dit : « Je dois être en train de rêver. Ça m'apprendra à rentrer si tard de l'Opéra ! Mais puisque je suis là, autant vérifier une ou deux hypothèses ! » Et tout en marchant, il nous a expliqué comment, en 1877, Mars s'était rapprochée de plusieurs millions de kilomètres de la Terre. En termes astronomiques, cela signifie qu'elle s'en trouvait *très près !* Schiaparelli observa la planète au télescope. Il distingua de longues lignes qu'il baptisa *canali*, c'est-à-dire « canaux ». Il pensait que c'étaient des rivières qui charriaient l'eau provenant des calottes polaires. Mais certains astronomes crurent qu'il parlait de structures fabriquées par l'homme, ou plutôt, dans ce cas précis, par des Martiens intelligents !... Bisar m'a expliqué que ces canaux ne sont que des illusions d'optique, des sortes de trompe-l'œil... En effet, selon l'angle du Soleil, l'époque de l'année (Mars aussi a des saisons) et la qualité des rochers et du sol, certaines zones de la planète forment des lignes droites qui semblent provenir directement de la Terre.

J'ai regardé autour de moi : pas l'ombre d'un Martien. Uniquement deux lunes, Phobos et Déimos, qui gravitent dans le ciel de Mars.

Et nous avions beau être en plein été, il n'y avait autour de nous que des déserts et du gel. Pas vraiment tropical !

Ça ressemblait plus à un jour glacial au milieu du désert du Sahara – mais avec moins d'oxygène. Une tornade de poussière fonçait sur nous, poussée par des vents soufflant à plus de 320 kilomètres à l'heure. En y regardant de plus près, il nous a semblé apercevoir des démons qui brassaient des colonnes de poussière gigantesques.

Salem a trouvé la chose à faire : « Fuir ! »

Le grain de sel de Salem

Je déteste faire mon intéressant en citant les gens célèbres, mais je dois quand même dire que j'étais avec Orson Welles quand il adapta pour la radio un roman de science-fiction de H. G. Wells, *La Guerre des mondes*, en 1938. Quelle panique ! Les auditeurs croyaient dur comme fer que les Martiens avaient envahi la Terre !

Cela dit, les Martiens existent peut-être bel et bien. Des savants tentent de se mettre d'accord : les météorites tombées sur la Terre en provenance de Mars contiennent-elles ou non des fossiles de Martiens ? Les petits bonshommes verts parmi nous ? Sauve qui peut !

« Souriez, les Martiens ! » C'est ce que diraient « Pathfinder » et « Sojourner », les « photographes » officiels de la planète Mars, s'ils pouvaient parler. Ce sont deux petits engins spatiaux motorisés, qu'on a envoyés sur Mars en 1997 pour prendre des clichés de sa surface. Puis il y a eu « Mars Global Surveyor », qui, de son orbite, en 1998, a fait lui aussi des photos très réussies. (Comble du raffinement, tous trois se sont photographiés mutuellement !)

Pas besoin d'être aussi calé que tante Zelda pour créer ta version personnelle de la serre... Je veux dire de Vénus ! Il te faut simplement un sac en plastique, deux ou trois bâtonnets d'une vingtaine de centimètres, un rouleau d'adhésif, une petite plante en pot et une fenêtre exposée au soleil. Humidifie la terre de la plante. Enfonces-y les bâtonnets et recouvre le pot avec le sac en plastique. Fixe soigneusement celui-ci autour du pot avec l'adhésif. Puis place le tout devant la fenêtre exposée au soleil. Il ne te reste plus qu'à t'armer de patience !

Tu n'obtiendras pas bien sûr exactement le même résultat que sur Vénus, car la planète, environnée de nuages, ne possède ni eau ni plante. Mais tu vas créer un effet de serre ! En chauffant l'intérieur du sac en plastique, le soleil fait s'évaporer l'eau qui se trouve dans la terre ou dans la plante elle-même. Elle se dépose sur les parois intérieures du sac. Au bout d'une demi-heure, glisse rapidement la main à l'intérieur. Quelle fournaise, hein ! Normal : le plastique capte la chaleur des rayons du soleil, produisant un effet de serre en miniature.

En visitant une véritable serre, tu constateras les mêmes réactions. Le verre absorbe la chaleur et l'emprisonne.

Sur Vénus, la chaleur provenant du Soleil passe à travers les nuages, mais elle ne peut pas s'échapper. Chaud devant ! Et là-bas, la climatisation n'existe pas.

BISAR NE RÉPOND PLUS

Alors que nous faisions route vers les plus grosses planètes du système solaire, Bisar s'est endormie profondément. (Salem m'a assuré qu'un proverbe de l'Autre Royaume disait : « Il ne faut pas réveiller la bibliothécaire qui dort ! » Moi, je crois qu'il avait envie de manger le petit déjeuner de Bisar !)

Quand j'ai parcouru les notes que j'avais prises pour mon exposé ainsi que la carte de Magic Voyages, j'ai tout de suite compris que nous avions besoin d'un petit coup de pouce, c'est-à-dire d'un soupçon de magie ! Nous allions nous attaquer à de gros « morceaux » : d'immenses planètes et une foule d'informations à collecter.

C'est parti, mon kiki !

Comment ça, « pas de surface » ?

J'ai contacté tante Zelda pour lui dire que nous étions en train d'essayer de nous poser sur Jupiter et que ce n'était pas de la tarte…

Elle nous a aussitôt répondu que c'était mission impossible : la planète n'a pas de surface ! En réalité, Jupiter est une boule de gaz coloré en perpétuel mouvement et composée d'hydrogène, d'hélium et de méthane. Une sorte de boule de cristal, en somme !

« Attends une minute, a ajouté tante Zelda, je connais quelqu'un qui va pouvoir vous aider… Abracadabra... » Sur ces mots, elle a levé l'index en prononçant l'indispensable formule magique :

Ne nous prends pas au dépourvu
Envoie-nous Galilée et sa longue-vue !

Décidément, la barbe fait fureur chez les astronomes. Celui-ci en portait une élégamment taillée. Vêtu d'un costume XVIIe siècle orné d'un col blanc, il tenait dans la main un petit télescope.

Il nous a raconté avoir observé Jupiter au

télescope pour la première fois en 1610. À cette époque, cet appareil n'était guère plus puissant qu'une paire de jumelles aujourd'hui. Cela ne l'a pas empêché de remarquer quatre «étoiles» étranges qui gravitaient autour de la planète – Callisto, Ganymède, Io et Europe –, que l'on appelle aujourd'hui les «satellites galiléens». Quand on le lui a annoncé, il a paru très fier (et je parie qu'il serait aussi très content de savoir qu'un satellite porte son nom et tourne actuellement autour de la planète géante... sauf qu'il ignore ce qu'est un satellite artificiel !).

Cela étant, Galilée n'a pas pu nous en apprendre beaucoup plus. Après l'avoir remercié et renvoyé dans son époque, Salem et moi avons enfourché notre aspirateur volant et sommes partis prendre quelques mesures...

Tu veux une définition de *grand ?* Eh bien, c'est Jupiter ! Je savais déjà que c'était la cinquième planète la plus proche du Soleil, et aussi la plus grosse du système solaire. Après m'être zappé une règle géante pour la mesurer, j'ai compris pourquoi la Terre paraissait minuscule à côté ! Sur cette planète, il y a aussi d'énormes masses de gaz compactes et tourbillonnantes qui forment de terribles tempêtes. L'une d'elles, appelée le Point rouge, a même duré plus de trois cents ans. (À ce jour, aucune sorcière n'a déclaré y être pour quelque chose.)

Jupiter n'offre pas non plus de terrains d'atterrissage pour les aspirateurs volants, parce que les vents soufflent à 580 000 kilomètres à l'heure.

Alors, pour l'instant, je préfère survoler Westbridge !

Le grain de sel de Salem

Je ne sais pas si tu as été invité au feu d'artifice cosmique de juillet 1994 – moi, j'y étais, bien sûr ! Des morceaux de la comète Shoemaker-Levy 9 se sont écrasés sur Jupiter à plus de 215 000 kilomètres à l'heure.

C'était un spectacle fantastique, vu de la Terre. Et explosif !

Des satellites à foison

★★★★★

Jupiter est entourée d'une multitude de satellites. Nul n'en connaît le nombre exact car les savants en découvrent de nouveaux tous les jours. Pour ma part, j'en ai compté seize.

Salem et moi sommes allés voir de plus près les satellites galiléens : Europe, Ganymède et Callisto sont couverts de glace. Quant à Io, il crache le feu. Nous avons dénombré au moins neuf volcans en activité. L'air empestait l'œuf pourri. Quel tempérament !

Le grain de sel de Salem

Je connais plein de trucs sur le satellite galiléen Europe (je le dirai peut-être à Sabrina en échange de quelques kilos de gâteaux à la crème...). Il y aurait, paraît-il, un océan sous sa surface glacée ; cela signifie qu'il y existerait une forme de vie primitive, puisque là où il y a de l'eau, il y a de la vie. Encore des créatures à conquérir ! Mais ces animalcules ridicules, à peu près de la taille d'une baçtérie et au cerveau de pois chiche, comprendraient-ils un ordre simplissime, genre : « Remplissez la gammelle de Salem » ?

Les boucles d'oreilles de Saturne

Salem et moi avons poursuivi notre route vers Saturne et ses milliers d'anneaux.

À notre arrivée, Salem a décidé de réveiller Bisar. Il avait quelques renseignements à lui demander ! Encore endormie, la bibliothécaire s'est écriée : « Silence, s'il vous plaît ! Oups, désolée, je me croyais encore dans ma bibliothèque de l'Autre Royaume ! Où sommes-nous ? Ah, oui ! Sur Saturne ! »

Nous avons fait le tour de la planète en un temps record. Mais pour la connaître plus en détail, nous avons dû une fois de plus recourir à nos instruments de mesure. Saturne est la deuxième plus grande planète du système solaire. Son diamètre fait neuf fois celui de la Terre. Son atmosphère est composée en majorité d'hydrogène, et elle possède plus de vingt satellites (on en découvre de nouveaux sans arrêt).

Tu savais que les célèbres anneaux de Saturne sont constitués de milliers d'anneaux d'à peine quelques mètres d'épaisseur ? Ils forment des crêtes et des sillons, un peu comme les disques vinyle que mes tantes passent sur leur vieille platine. De l'endroit où nous nous trouvions, les anneaux de Saturne réfléchissaient la lumière du Soleil dans des gerbes d'étincelles. Ce sont en fait des boulettes de neige sale de diverses tailles allant d'une tête d'épingle à de gros rochers.

« En tout cas, tu aurais beaucoup de mal à faire tes devoirs sur Saturne et Jupiter, a conclu Bisar en me regardant par-dessus ses lunettes, car les journées n'y durent que dix heures environ. » Et sur ce, elle a disparu.

J'en ai le tournis !

Début 2000, des savants ont envoyé Cassini, un petit vaisseau spatial, en orbite autour de Saturne pour mesurer sa surface et ses anneaux. Dans son ventre, se trouve une autre machine, Huygens, qui est chargée d'entrer au cœur même des gaz de la planète pour collecter des informations.

Le grain de sel de Salem

À l'époque où j'étais sorcier, je m'amusais comme un fou dans ma baignoire avec mes canards en caoutchouc et mon bateau à voiles. Il faut dire qu'en ce temps-là je ne connaissais pas ce jouet flottant dernier cri qu'est la planète Saturne ! Et comment peut-elle flotter ? Parce qu'elle est exclusivement composée de gaz !

Et si tu calculais l'âge que tu aurais sur chaque planète du système solaire ?

Pour découvrir cette « magie planétaire », tu dois d'abord déterminer le nombre de jours que tu as vécus sur Terre. Par exemple, si tu as 10 ans, cela équivaut environ à 3 652 jours (soit 10 ans × 365 jours + 2 jours pour les années bissextiles).

Divise ensuite 3 652 par le nombre de jours

terrestres que chaque planète met à faire le tour du Soleil (reporte-toi au tableau ci-dessous pour obtenir cette information). Ainsi, dans le cas de Mercure, cela donne 3 652 : 87,97, soit 41 ans.

Durée d'une année, en jours terrestres, sur :		Équivalent pour un âge de 10 ans sur Terre :
Mercure	87,97	41 ans
Vénus	224,7	16 ans
Terre	365,2	10 ans
Mars	686,98	5 ans
Jupiter	4 330,6	moins d'un an
Saturne	10 747	moins d'un an
Uranus	30 588	moins d'un an
Neptune	59 800	moins d'un an
Pluton	90 591	moins d'un an

VOUS AVEZ DIT « GIORGIUM SIDUS » ?

Le lendemain, j'ai déplié la carte de Magic Voyages et mis le cap sur Uranus et Neptune. Soudain, tante Zelda est apparue, juchée sur son aspirateur volant.

J'étais contente de la voir. Elle a plus d'une potion et d'un tour dans son sac ! Et elle connaît le savant qui a découvert Uranus et Neptune !

Elle a aussitôt levé l'index et chantonné :

Pour que la nuit nous soit plus belle
Fais donc venir William Herschel !

Apparemment, la barbe n'était plus à la mode aux alentours de 1800. Mais les cols amidonnés, si ! À peine Zelda avait-elle prononcé la formule qu'un homme aux cheveux blancs et en redingote noire est apparu. Il portait justement une cravate nouée autour d'un col de ce style.

William Herschel, musicien britannique et astronome amateur, nous a appris qu'il avait découvert Uranus par hasard. Il observait le ciel avec son télescope par une belle nuit de mars 1781, quand il vit ce qu'il prit d'abord pour une comète. Quelques mois plus tard, il découvrit que c'était une planète et devint célèbre du jour au lendemain. Il l'appela «Étoile de George» (en latin, *Giorgium Sidus*) en hommage au roi d'Angleterre George II. Puis la planète fut rebaptisée Herschel en son honneur. Pour finir, quelqu'un suggéra de la nommer Uranus – le père de Saturne dans la mythologie. Et le nom lui est resté !

Tant mieux ! C'est plus facile à retenir que «Giorgium Sidus» !

En plus, Uranus est une chouette planète ! Elle est entourée des nuages les plus brillants de tout le système extra-solaire. J'ai dénombré dix-huit satellites. Chacun porte le nom de personnages de Shakespeare. Et on en découvre tout le temps d'autres ! (le plus récent en 1999). Mais ce n'est pas tout : les astronomes ont identifié au moins onze anneaux différents – moins lumineux et moins grands que ceux de Saturne –, qui brinquebalent comme des roues de charrette mal fixées. Incroyable, non ?

Tante Zelda nous a proposé de revenir en 2007, quand le Soleil se trouvera juste au-dessus de l'équateur d'Uranus. En plus, à cette époque de l'année, les cristaux de méthane sont un régal pour l'œil. Parka de rigueur – il fait un peu frisquet, aux alentours de – 150° !

Le grain de sel de Salem

Uranus a dû avoir un accident terrible autrefois. Je vous jure que je n'y suis pour rien ! Quoi qu'il en soit, quelque chose d'énorme – probablement gros comme une lune – a certainement heurté la planète, il y a des millions d'années. Maintenant, on dirait un ballon. Elle tourne sur elle-même presque couchée sur le plan de son orbite et effectue une rotation complète toutes les dix-sept heures environ.

Parole d'honneur ! Je suis innocent !

Avis de tempête !

★★★★★

Nous étions prêts à partir pour Neptune. Tante Zelda a renvoyé M. Herschel dans son siècle et elle a levé l'index en chantonnant :

Toi qui ne te débrouilles pas mal,
Ramène-nous donc Johann Galle !

Johann Galle était un homme de petite taille, aux épaules tombantes et aux cheveux blancs. Il avait l'air sévère. Peut-être à cause de son col amidonné qui lui serrait trop le cou. Il nous a expliqué qu'en s'associant avec deux autres astronomes de son temps, John Couch et Urbain Leverrier, ils avaient deviné l'existence d'une autre planète dans le champ de gravitation d'Uranus. Pas mal, non ? D'autant qu'ils travaillaient chacun dans leur coin, en procédant par déductions mathématiques… et sans ordinateur, évidemment ! C'est Leverrier qui contacta Galle en 1846 et lui demanda de trouver un point précis dans l'espace avec son télescope. Et hop ! En moins d'une heure, M. Galle annonçait qu'il avait trouvé Neptune !

Après avoir recueilli ces précieuses informations, Salem et moi avons fait le tour de la planète, juchés sur mon aspirateur volant. Neptune est d'une couleur bleu-vert, comme Uranus. Cette teinte est due au méthane accumulé dans l'air. La planète tourne sur elle-même relativement vite, en seize heures (terrestres). Son atmosphère est constamment perturbée par des tempêtes interminables, ainsi « Scooter » ou « le Grand Point noir ». Ce sont des tempêtes comme celles qui existent sur Jupiter, « le Grand Point rouge », mais moitié moins fortes.

Neptune a huit satellites – Naïade, Thalassa, Despina, Galatée, Larissa, Protée, Triton et Néréide. Il est fort possible qu'on en découvre encore. Triton possède une calotte polaire rose (mignon, non ?) mais aussi d'horribles geysers d'azote !

Du patin à glace sur Pluton ? Et pourquoi pas ?

★★★★★

Pluton est la dernière planète qui figure à notre programme, et la plus petite du système solaire. Ça serait un endroit rêvé pour organiser les jeux Olympiques d'hiver des sorcières ! Il y fait si froid que les Jeux pourraient se dérouler pendant toute l'année. Cette planète met environ 248 ans (terrestres) à faire le tour du Soleil, les candidats auraient donc le temps nécessaire pour se préparer à des sports rares, comme le curling, ou à des compétitions de traîneaux en plateau repas. On pourrait aussi patiner sur les champs de glace composés de nuages colorés de méthane et d'azote ! En plus, comme Pluton mesure à peu près les deux tiers de notre Lune et que l'atmosphère de méthane est relativement mince, la gravité y est assez faible. Il serait particulièrement intéressant d'organiser des compétitions de javelot et de disque. L'épreuve consisterait à placer les objets directement en orbite !

D'ailleurs, à ce propos, je me demande si on ne pourrait pas envisager une compétition de « lancer sur orbite » de Libby ?

Le grain de sel de Salem

Je ne l'ai pas dit à Sabrina, mais pour ces jeux Olympiques de sorcières sur Pluton, les choses pourraient être un peu plus coton que prévu. Car certains savants pensent en effet que Pluton n'est pas une planète, mais un ancien satellite de Neptune sorti de son orbite à la suite d'une collision avec un gros objet volant. Non, sérieux… Ce n'était pas moi !

Nous avons déjà vu l'âge que tu aurais si tu vivais sur d'autres planètes du système solaire. Mais combien pèserais-tu ? Encore un peu de « magie planétaire » en perspective ! Pour chaque planète, multiplie ton poids par l'indice indiqué dans le tableau de la page suivante.

Exemple : tu pèses 50 kilos, et tu souhaites connaître ton poids sur Mercure. Multiplie ce nombre par 0,284. Tu obtiens 14,2 kilos. Ou encore, sur Jupiter : 50 × 2,34 = 117 kilos. À toi de jouer !

Planète	*Indice*	*Exemple pour un poids de 50 kg sur Terre*
Mercure	*0,284*	*14,2 kg*
Vénus	*0,91*	*45,5 kg*
Terre	*1,00*	*50 kg*
Mars	*0,38*	*19 kg*
Jupiter	*2,34*	*117 kg*
Saturne	*0,925*	*46,25 kg*
Uranus	*0,795*	*39,75 kg*
Neptune	*1,125*	*56,25 kg*
Pluton	*0,041*	*2,05 kg*
Bonus…		
Io, satellite de Jupiter	*0,183*	*9,15 kg*
Europe, satellite de Jupiter	*0,135*	*6,75 kg*
Amalthéa, satellite de Jupiter	*0,007*	*3,5 kg*

Tu te demandes pourquoi tu pèses moins lourd sur Uranus ou Neptune ? Mon *Guide de la sorcière auto-stoppeuse* m'a donné la réponse : ces deux planètes étant principalement constituées de gaz, la gravité est moindre. Waouh ! Je sens que je m'envole !…

PETITS OBJETS, MAIS GROS PROBLÈMES !

Tandis que je cherchais ce qui me manquait encore pour mon exposé, Salem timbrait et signait de l'empreinte de sa patte des cartes postales. Une pour tante Hilda, une autre pour tante Zelda, une pour moi, une pour le chat qui habite au bout de notre rue, une pour une ancienne petite amie. Et ainsi de suite... C'est inouï ! Il passe son temps à envoyer des cartes postales, alors qu'à la maison il n'est même pas fichu de répondre au téléphone !

J'ai beau avoir de super pouvoirs, face à l'Univers, je me sens perdue. Il nous restait tant de choses à voir : comètes, astéroïdes, étoiles filantes. Il y avait aussi d'étranges rochers glaciaires suspendus juste en dehors du système solaire !

Tous ces habitants du cosmos allaient nous poser de réels problèmes. Il était grand temps de rappeler Bisar !

Oh, le mignon petit astéroïde !

Bisar a débarqué sur son aspirateur volant, le nez plongé dans un bouquin. « Tu as sonné ? »

Je lui ai parlé de l'objet de nos nouvelles recherches. Elle a fait tournoyer son livre en l'air en prononçant la formule appropriée :

Enlève les pâtes et le gruyère
Mais laisse-nous la pomme de terre.

Aussitôt, un gigantesque rocher en forme de pomme de terre s'est dressé devant nous. Ida, nous a dit Bisar, est un astéroïde provenant d'une ceinture située entre les orbites de Mars et de Jupiter et constituée de centaines de cailloux tels que celui-ci.

Ida était noire et poussiéreuse. Sa surface était pleine de grands trous dus à la chute d'autres rochers de la ceinture. Quand nous avons sauté dessus, Salem a failli s'envoler pour de bon, à cause de la très faible gravité qui règne sur les astéroïdes. Du coup, quand on fait du trampoline, on se retrouve vite à flotter dans l'espace. Cool !

Ida est un astéroïde assez amical, qui ne cherche pas la bagarre. Mais selon Bisar, tous les astéroïdes ne sont pas aussi pacifiques.

En fait, certains frôlent parfois la Terre d'un cheveu ou lui rentrent même carrément dedans. Ainsi, voilà environ cinquante mille ans, un astéroïde de la taille d'un terrain de foot a atterri dans le désert de l'Arizona aux États-Unis. Ce mignon petit caillou a creusé un trou de près de quatre cents mètres. Depuis, on appelle l'endroit le cratère du Météore !

Certains savants pensent aussi qu'un gigantesque astéroïde a dégringolé sur la Terre il y a quelque soixante-cinq millions d'années. Cela expliquerait la disparition des dinosaures, ces reptiles qui sillonnaient la planète de leur pas lourd.

Voilà pourquoi je n'ai jamais croisé de *Tyrannosaurus Rex* sur le chemin du lycée ! Ouf ! J'ai eu chaud !

Difficile d'attraper... une étoile filante !

★★★★★

Une étoile filante, c'est quoi, exactement ? J'ai sorti mon *Guide de la sorcière auto-stoppeuse*. En fait, ce sont de petits fragments de roche qu'on appelle météores ; ils voyagent dans l'espace et sont beaucoup plus petits que les astéroïdes, variant de la taille d'un grain de sable à celle d'un gros pavé. Quand ils traversent l'espace et tombent dans l'atmosphère, la friction les fait s'enflammer, créant ainsi de magnifiques traînées lumineuses.

S'ils sont assez lourds pour atteindre la Terre, on les appelle des météorites. Et alors, cours toujours que je t'attrape ! Et même si l'on y parvenait, on n'aurait qu'une poignée de cailloux brûlants dans la main.

Le grain de sel de Salem

Comme la plupart des chats, je n'aime pas me prendre une averse sur la truffe. Mais me baigner dans une pluie de météores, c'est top ! Et ça ne mouille pas – il n'y a pas d'eau. Plusieurs fois par an, la Terre traverse tout un tas de vieilles comètes. Il arrive même qu'on puisse distinguer jusqu'à cent étoiles filantes à l'heure. C'est mon feu d'artifice perso !

Les comètes ?... des boules de neige sales !

Rien de plus chouette qu'une bataille de boules de neige ! On ramasse une bonne poignée de neige, on en fait une belle boule bien tassée, et on la jette sur Salem !

Le fin du fin en matière de boules de neige, ce sont les comètes ! Les astronomes décrivaient souvent ces objets volants comme des « boules de neige sales ». Aujourd'hui, ils les appellent plutôt « boules de neige boueuses ». Quoi qu'il en soit, elles sont composées de roches, de poussière et de gaz, et tournent depuis des milliards d'années. De temps en temps, elles traversent le système solaire. Elles en ressortent rapidement, sauf lorsqu'elles empruntent l'orbite du Soleil.

Prenons, par exemple, la comète de Hale-Bopp. Tu l'as peut-être déjà vue ; elle a fait irruption dans le ciel, une nuit, en 1997. Elle avait l'apparence d'une petite tache brillante et floue. En tournant autour du Soleil, elle a chauffé et s'est consumée en libérant de la poussière et du gaz. Le « vent solaire » (des particules du Soleil) les ont chassés. Ce qui fait que la comète a hérité d'une belle queue, un peu comme celle de Salem, quoique moins fournie !

Le grain de sel de Salem

Comment s'appelle cette comète ? Salem ? Ça serait trop beau ! Mais soyons sérieux...

En général, les comètes portent le nom de leurs découvreurs. Exemple : la comète Hale-Bopp, découverte au même moment par M. Hale et M. Bopp, mais séparément. Alan Hale était astronome professionnel, Thomas Bopp, un simple amateur !

Allez, c'est décidé : je vais partir à la recherche d'une comète ! Ça sonnerait tellement bien, la comète Salem !

Quelle célèbre comète rend régulièrement visite à la Terre ? Salem me l'a soufflé. Il l'a aperçue très souvent, cette comète-là, au fil des années !
C'est la comète de Halley, ainsi baptisée parce qu'elle fut découverte par Edmond Halley en 1682. Elle apparaît à peu près tous les soixante-quinze ans, réglée comme une horloge, sans se demander si on a envie de la voir - un peu comme cette chipie de Libby, qui se pointe toujours quand je suis seule avec Harvey, mon copain !
Sa dernière apparition remonte à 1986. On la reverra donc en 2061 ! Non, je ne parle pas de Libby, hélas, mais de la comète !

Arrière, les KBO !

★★★★★

Bisar a décidé de nous dire au revoir. Elle avait assez voyagé pour aujourd'hui et ne voulait pas trop s'éloigner du système solaire. Juste avant de partir, elle m'a lancé : « Attention aux cabots ! » Les quoi ? De quel genre de chiens parlait-elle ? Salem lui a fait un clin d'œil entendu.

Elle a secoué la tête et a dit : « Non, pas les cabots, les KBO. ». Puis elle a disparu.

Salem et moi avons haussé les épaules. Pas très clair, tout ça !

Mais au moment où nous atteignions l'extrémité du système solaire, nous avons vu se dresser face à nous des dizaines de rochers gigantesques. J'ai vite feuilleté mon *Guide de la sorcière auto-stoppeuse*. Les « KBO[1] » en question appartenaient à la ceinture de Kuiper[2].

Ces rochers, qui entourent notre système solaire, sont un amalgame de comètes et d'as-

1. KBO signifie en anglais Kuiper Belt Objects, « les objets de la ceinture de Kuiper ».

2. Gerald Pieter Kuiper. Astrophysicien américain d'origine néerlandaise (1905-1973), à qui l'on doit de nombreuses découvertes en planétologie.

téroïdes, comme s'ils ne pouvaient pas se décider à être l'un ou l'autre. Certains pensent que les comètes qui nous rendent visite viennent de là. Et d'autres affirment que Pluton faisait partie, autrefois, de la ceinture de Kuiper. Salem, lui, me dit qu'ils se fourrent tous le télescope dans l'œil : « Un cabot n'est qu'un cabot. » Je crois qu'il n'a rien compris.

Fabriquer une comète, ce n'est pas sorcier ! Comme nous l'avons vu, ce n'est qu'une boule de neige pleine de boue, un mélange de poussière et de glace.

Évidemment, l'hiver est la saison idéale. Prépare un mélange composé pour moitié de neige, pour un quart de glace et pour un quart de terre. Si c'est l'été, prends un morceau de glace dans le congélateur (avec l'aide d'une grande personne) et un peu de terre. En mélangeant bien les deux, tu obtiens une mini-comète. Observe-la vite. Elle va fondre en un clin d'œil !

Les vraies comètes sont différentes. Leur cœur s'appelle le noyau ; c'est la boule de neige sale que tu viens de fabriquer. La comète est généralement gelée ; mais si elle se rapproche du Soleil, les particules qui fondent forment une queue.

Tu ne verras pas tout ça avec ta comète, bien sûr.

Penser que des choses aussi simples que des boules de glace et de terre tournent autour du système solaire depuis des milliards d'années, ça laisse tout de même rêveur…

...À LA

SUIVANTE !

Maintenant que Salem et moi avions à peu près tout découvert du système solaire, il était grand temps d'élargir notre horizon. Hilda et Zelda nous ont suggéré de faire une incursion dans le monde extragalactique, au-delà du système solaire.

Et pour cette dernière partie du voyage, elles ont décidé de se joindre à nous. J'allais protester, mais elles faisaient déjà ronfler le moteur de leurs aspirateurs volants. La honte ! Avoir ses tantes sur le dos quand on va te présenter de toutes nouvelles étoiles ! Tante Zelda, évidemment, elle n'a pas pu s'empêcher d'en rajouter :

Si on parle d'espace et de temps,
Il faut qu'Einstein soit présent !

Aussitôt, le physicien est apparu sur l'aspirateur de ma tante. Il jetait autour de lui des regards ahuris et ne cessait de se passer la main dans les cheveux en disant : « Ouh là ! là ! Ça décoiffe ! »

Salem, lui, pleurnichait, affirmant que les vols de longue distance abîmaient sa fourrure.

Mauviette ! En route vers les étoiles !

Scintille, scintille, petite étoile, pas si petite !

Quand tante Hilda a annoncé que nous allions rendre visite aux étoiles les plus célèbres, Salem a retrouvé sa belle énergie. Il était excité comme une puce : il pensait que nous allions tout droit à Hollywood !

Mais c'étaient de vraies étoiles que nous nous approchions, ces boules de gaz brûlantes qui remplissent le ciel, la nuit, et qui brillent. Comme nous l'a appris le grand astronome Carl Sagan, il existe des milliards et des milliards d'étoiles. Ainsi, notre étoile à nous, le Soleil, n'en n'est qu'une parmi d'autres !

Mais c'est quoi, au juste, une étoile ?

M. Einstein connaissait la réponse : vues de la Terre, les étoiles semblent aussi grosses que des têtes d'épingles, mais en fait, ce sont d'énormes usines à gaz. En plus, elles sont très différentes les unes des autres : celles qui brillent d'une lueur un peu rougeâtre sont les plus froides, tandis que les jaunes et blanches sont les plus chaudes. Quant aux plus brûlantes, elles irradient d'une lumière blanc-bleu. Notre Soleil est une étoile jaune pas tellement grande finalement : dans la constellation du Bouvier, il existe une géante rouge, Arcturus, qui fait à peu près vingt-cinq fois le diamètre du Soleil !

Sacré carrure, non ?

Le grain de sel de Salem

Ne le répète pas à Sabrina, mais il m'arrive d'être un peu perdu au milieu de toutes ces étoiles ! Comme quand je dois vérifier le nombre de mes boîtes de saumon lorsque l'épicerie fine de l'Autre Royaume fait des promotions.

Je ne suis pas le seul dans ce cas ! Il y a des siècles, quantité de gens ont inventé des trucs pour s'y retrouver. Ils ont donc fait ce que n'importe quel mortel normal aurait fait. Ils ont regroupé les étoiles (comme quand on relie des points entre eux pour former un dessin en constellations). On en dénombre quatre-vingt-huit dans notre ciel : d'Andromède à Petit Renard. Ma préférée est celle de la Dorade. Miam miam…

Bang !

★★★★★

M. Einstein nous a expliqué que, comme les êtres mortels, les étoiles avaient une durée de vie. Et qu'elles finissaient dans un grand bang.

Le plus souvent, elles se transforment en géante rouge. Puis, pendant des millions d'années, le noyau de l'étoile change. Il commence à rétrécir. La fin survient lorsque la couche supérieure de l'étoile explose. Elle dérive alors dans l'espace, formant un gigantesque anneau de fumée autour du noyau central. C'est alors une nébuleuse planétaire, parce qu'elle a l'apparence d'une planète quand on la regarde au télescope.

Mais ce n'est pas tout ! Tante Zelda avait son laboratoire portable. Elle nous a donné des lunettes de protection. Après avoir traversé des débris d'étoiles et des particules de nuages de gaz, une nouvelle surprise nous attendait : la supernova, l'explosion d'une vieille étoile.

Tante Hilda nous a dit qu'elle se souvenait d'une supernova datant de 1054 dans la constellation qu'on appelle aujourd'hui la nébuleuse du Cancer. Elle séjournait chez des astronomes chinois de ses amis afin de compléter sa collection d'éventails, quand ses hôtes, très excités, se mirent à parler d'« étoile en visite » ! Hilda crut tout d'abord qu'ils désignaient ainsi l'empereur de Chine, mais quand elle regarda par la fenêtre, elle vit une étoile filante, si brillante qu'elle resta visible pendant vingt-trois jours !

Le grain de sel de Salem

Hilda n'est pas la seule à avoir assisté à une fête donnée en l'honneur d'une étoile. Moi aussi, j'ai vu une étoile s'éclater au cours d'une réception en Australie. Une supernova, près de la nébuleuse de la Tarantule, en 1987 – la seule qu'on ait vue ces dernières années. Mais cette supernova était bien loin de nous, et en fait, elle a explosé il y a très, très longtemps. Sa lumière a mis quatre cents ans pour arriver jusqu'à nous, en 1987. Mais la fête est terminée, maintenant !

Mais qui a éteint la lumière ?

★★★★★

M. Einstein avait gardé le meilleur pour la fin. « Quand est-ce qu'un trou n'est pas un trou ? » nous a-t-il demandé.

« Alors ça… ai-je répondu en me grattant la tête avec perplexité. Je donne ma langue au chat (pas à Salem, bien sûr !) »

Il a souri d'un air malicieux : « Quand c'est un trou noir ! »

Et, levant l'index vers le ciel, il nous a expliqué pourquoi on ne voyait rien. À cet endroit se trouvait un trou noir. Autrefois, il y avait là une étoile trois fois plus grosse que le Soleil. La gravité l'a écrasée et réduite jusqu'à la faire disparaître de notre vue… En réalité, la gravité était tellement forte qu'elle empêchait la lumière de passer.

J'espérais coller M. Einstein sur cette question : comment savoir qu'il y a des trous noirs si nous on ne peut pas les voir ? Grâce à des rayons laser ? Peu probable. M. Einstein nous a dit que seul le mouvement des autres étoiles permettait de deviner leur présence. La gravité des trous noirs est tellement forte qu'ils attirent à eux les petites étoiles proches, qui y disparaissent. Les astronomes détectent ces attractions à l'aide d'instruments qu'ils branchent sur leur télescope. C'est ainsi qu'ils avaient déduit l'existence de Neptune avant même de l'observer au télescope !

Nous avons tous reculé d'un bon mètre. Salem, ce gros peureux, s'est même caché derrière tante Hilda ! Qui voudrait passer le reste de sa vie dans un trou noir au lieu de voir la vie en rose !

Et si on sortait du système solaire ?

★★★★★

Les rares moments où Salem n'est pas énervé, il a faim. Je lui avais conseillé de prévoir assez de provisions pour notre voyage ! Le problème, c'est qu'il n'y a pas beaucoup de supermarchés entre les étoiles ! J'ai donc consulté la carte de Magic Voyages, et nous avons pris la direction de l'une des planètes les plus éloignées, celles que les astronomes appellent « planètes extra-solaires ». Mon plan était simple. Salem irait chercher quelque chose à manger pendant que moi, je tâcherais de dénicher un objet tendance « quatrième dimension » pour Val, ma meilleure amie.

Nous sommes donc tous partis vers la planète extra-solaire la plus proche. Elle est située dans la constellation de Pégase, aux alentours de l'étoile Pégase 51. D'après mon guide, pour ce type de planètes, le principe est le même qu'avec les trous noirs : impossible de les voir, mais on peut les localiser en observant les étoiles.

Jusqu'à présent, les savants en ont découvert une douzaine (malheureusement, ils n'ont donné aucune information sur les supermarchés du système de Pégase 51 !).

Je me suis rendu compte que le téléphone portable de tante Hilda ne fonctionnait pas dans Pégase 51. Un, parce que nous étions trop loin de la Terre, deux, parce que le son se déplace beaucoup plus lentement que la lumière. Il faudrait des dizaines de millions d'années pour que ma voix atteigne la Terre de cet endroit. Je vais devoir inventer un tour de magie spécial !

Tu me fais tourner la tête !

★★★★★

J'ai à peine regardé notre prochaine destination… ça m'a donné un de ces vertiges. En face de nous, des centaines de galaxies tournaient sur elles-mêmes. Les galaxies sont des groupes d'étoiles qui peuplent l'univers. Il y en a de toutes les tailles et de toutes les formes. Certaines ressemblent à des piscines, d'autres aux antennes d'un insecte, d'autres encore à des taches d'encre, voire à des sombreros !

J'ai vérifié tout cela dans mon *Guide de la sorcière auto-stoppeuse :* la plus belle galaxie de notre système est la Voie lactée. Vue de la Terre, elle ressemble à une longue écharpe qui s'étend au travers de l'hémisphère nord, la nuit, pendant l'été. Cet aspect laiteux est dû à la quantité d'étoiles – on a un peu l'impression de regarder à travers un verre de lait qui aurait tourné à cause d'un mauvais sort (on ne vise personne, n'est-ce pas, monsieur Salem Saberhagen ?).

Le grain de sel de Salem

C'est bien beau, tout ça, mais j'aimerais savoir quelle est la taille de l'Univers que je vais conquérir un jour !

J'ai posé la question à Albert Einstein. Il l'ignorait. J'ai feuilleté le guide de Sabrina. Rien ! J'ai aussi demandé à Hilda et à Zelda. J'ai même failli aller interroger Drell, dans l'Autre Royaume. Sabrina m'a stoppé net dans mon élan : personne ne le sait vraiment, m'a-t-elle dit.

Enfin, ce qui est sûr, c'est que l'Univers est carrément grand !

Tu peux observer les étoiles et apprendre à reconnaître les constellations. Des tas d'ouvrages existent sur le sujet à ton école ou à la bibliothèque.

Pour cela, tu dois apprendre d'abord à repérer les points cardinaux, c'est-à-dire le nord, le sud, l'est et l'ouest. Ensuite cherche les étoiles les plus brillantes dans le ciel à l'aide d'un de tes livres.

Par exemple, l'étoile la plus brillante de notre ciel est Sirius. On la voit à la fin de l'automne et en hiver, et au tout début du printemps. Elle ne se trouve pas à la verticale, mais près de l'horizon, vers le sud. Si, d'aventure, tu vas en Amérique du Nord, tu l'apercevras de presque tous les endroits de cette région du monde. Si tu parviens à la localiser, tu en trouveras d'autres. Sers-t'en comme d'un point de repère. Continue ton petit bonhomme de chemin céleste à partir d'elle.

Tu peux aussi visiter un observatoire ou t'inscrire dans un club d'astronomie. D'ailleurs, pourquoi ne pas en créer un dans ton école ? C'est le meilleur moyen d'échanger des informations et parfois même d'organiser des « soirées étoiles » – une façon sympa de vérifier ses connaissances avec un télescope et de mieux comprendre l'Univers !

NOUS VOICI DE RETOUR !

Levant l'index en l'air, tante Hilda nous a fait atterrir dans notre cuisine à Westbridge. En une seconde, les choses ont repris leur cours normal.

Tante Hilda est partie acheter un nouvel aspirateur volant.

Tante Zelda s'est enfermée dans son laboratoire avec M. Einstein pour concocter un yaourt de son invention parfumé à la poussière d'étoile filante.

Quant à moi, j'avais des tonnes de papiers et de photos à classer, et mon exposé de physique à rédiger ! J'avais encore une journée entière devant moi.

Salem, bien entendu, a fait ce que tous les chats dignes de ce nom feraient après une expérience aussi enrichissante pour l'esprit qu'un voyage aux confins de l'Univers parmi les galaxies. Il s'est traîné jusqu'au divan avec un paquet de friandises au thon et s'est plongé dans son feuilleton télévisé préféré.

Nous espérons que ce voyage en notre compagnie t'a plu ! Si tu veux en savoir plus, lis des ouvrages d'astronomie et pars à la découverte de l'Univers...

Il faut que j'y aille !... À la prochaine !

Sabrina

Note ici toutes tes découvertes.

Comme Sabrina

Sabrina

l'apprentie sorcière

1. **Une rentrée par ordinaire**
2. **Une rivale inattendue**
3. **Un Noël presque parfait**
4. **Un invité surprise**
5. **Un amour de sorcière**
6. **Un week-end très mouvementé**
7. **Une journée d'enfer**
8. **Un lundi hallucinant**
9. **Sabrina fait des mystères**
10. **Détective de choc !**
11. **La fête des sorcières**
12. **Le bal de la pleine lune**
13. **La double vie de Sabrina**
14. **Un défi pour Sabrina**
15. **Des lutins bien malins**
16. **Drôle de sirène !**
17. **Une soirée de rêve**
18. **Magicopoly**
19. **Un sortilège de trop**
20. **Gare à la peste !**
21. **Maudite momie !**
22. **Touche du bois !**
23. **Quelle vie !**

La magie de Sabrina (Hors-série)

Cet ouvrage a été composé par
PCA - 44400 REZE

Impression réalisée sur Presse Offset par

BRODARD & TAUPIN

GROUPE CPI

La Flèche (Sarthe), le 18-06-2003
N° d'impression : 17738

Dépôt légal : juillet 2003

Imprimé en France

POCKET jeunesse
12, avenue d'Italie • 75627 PARIS Cedex 13
Tél. : 01.44.16.05.00